AIDE-MÉMOIRE

DE CHIMIE.

PARIS. — IMPRIMERIE DE GAUTHIER-VILLARS,
SUCCESSEUR DE MALLET-BACHELIER,
Rue de Seine-Saint-Germain, 10, près l'Institut.

AIDE-MÉMOIRE

DE CHIMIE

A L'USAGE

DES LYCÉES ET DES ÉTABLISSEMENTS D'ENSEIGNEMENT SECONDAIRE

RÉDIGÉ

CONFORMÉMENT AU PROGRAMME DU BACCALAURÉAT ÈS SCIENCES

Par P.-A. FAVRE,

CORRESPONDANT DE L'INSTITUT (ACADÉMIE DES SCIENCES), PROFESSEUR DE CHIMIE
A LA FACULTÉ DES SCIENCES DE MARSEILLE.

ATLAS.

14 PLANCHES CONTENANT 117 FIGURES.

PARIS,

GAUTHIER-VILLARS, IMPRIMEUR-LIBRAIRE

DE L'ÉCOLE IMPÉRIALE POLYTECHNIQUE, DU BUREAU DES LONGITUDES,

SUCCESSEUR DE MALLET-BACHELIER,

Quai des Augustins, 55.

1864

(L'Auteur et l'Éditeur de cet Ouvrage se réservent le droit de traduction.)

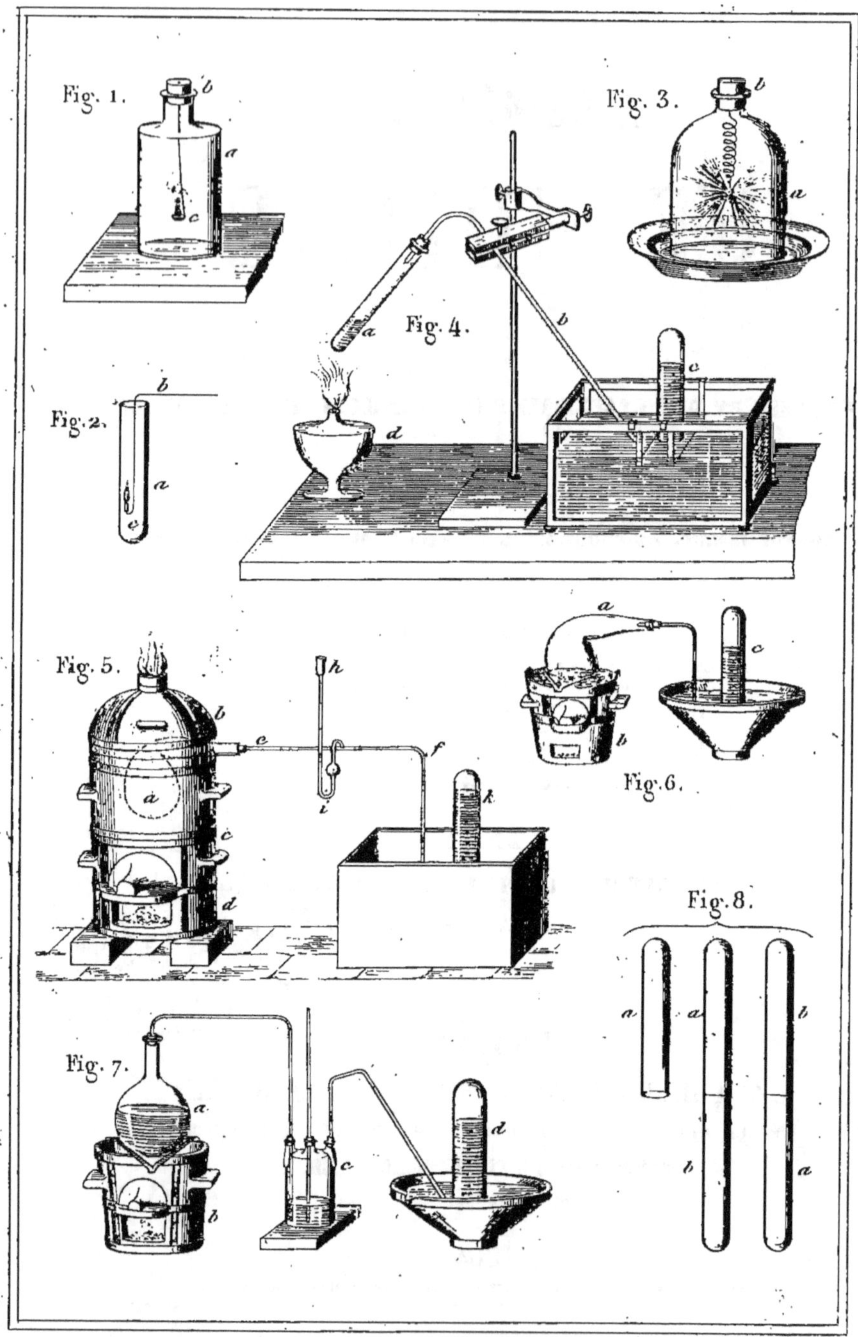

Fig. 1.
Fig. 2.
Fig. 3.
Fig. 4.
Fig. 5.
Fig. 6.
Fig. 7.
Fig. 8.

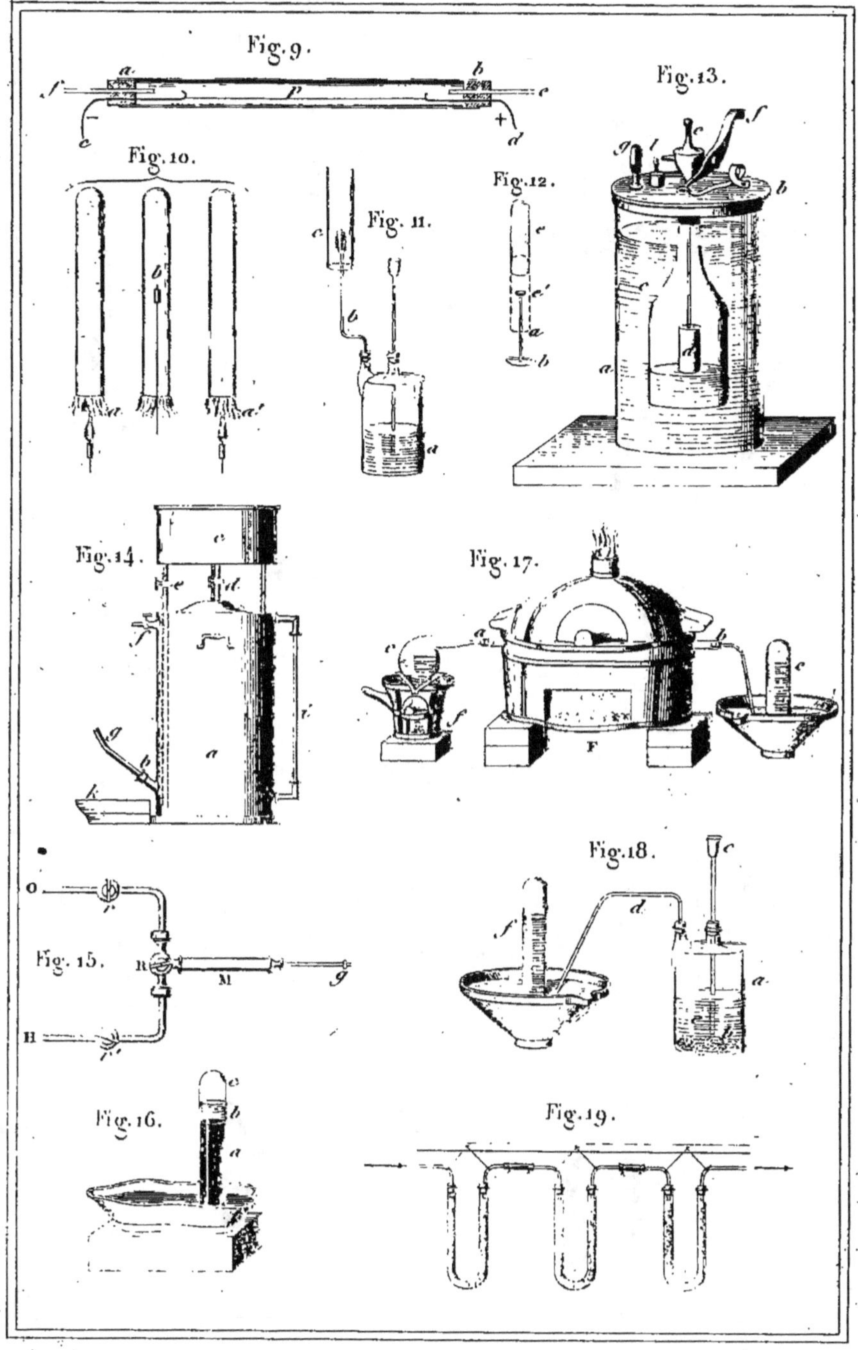

Fig. 9.
Fig. 10.
Fig. 11.
Fig. 12.
Fig. 13.
Fig. 14.
Fig. 17.
Fig. 15.
Fig. 18.
Fig. 16.
Fig. 19.

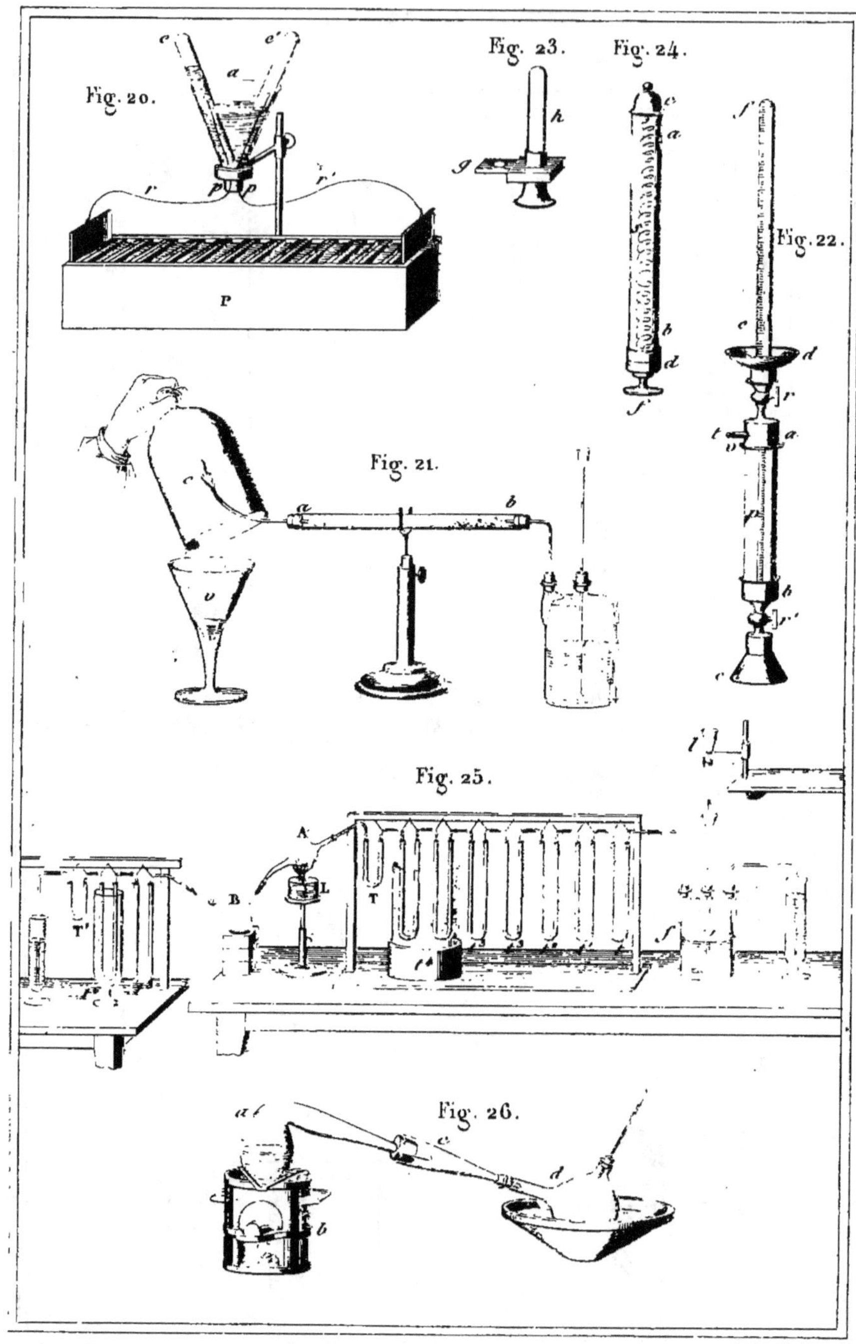
Fig. 20.
Fig. 23.
Fig. 24.
Fig. 22.
Fig. 21.
Fig. 25.
Fig. 26.

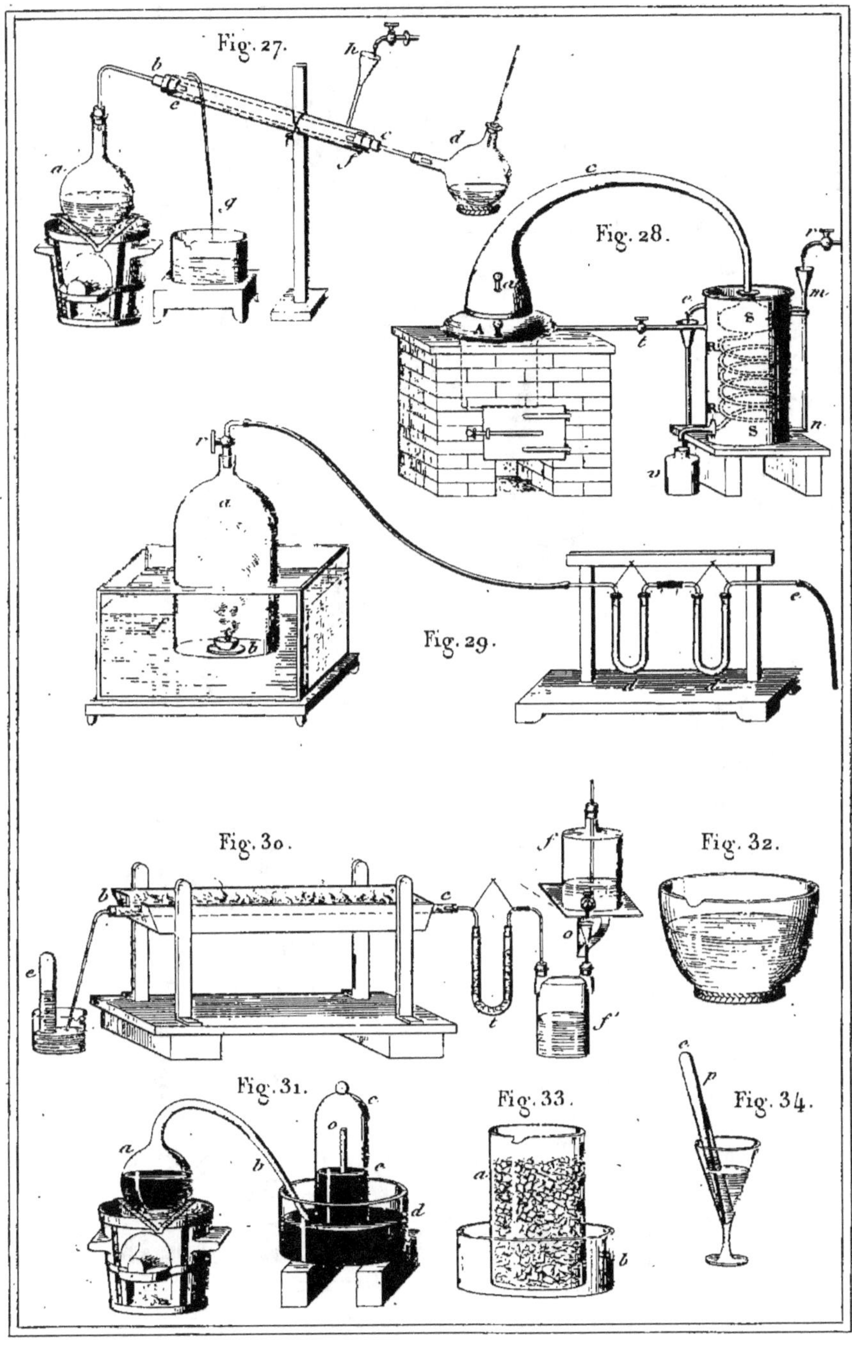
Fig. 27.
Fig. 28.
Fig. 29.
Fig. 30.
Fig. 31.
Fig. 32.
Fig. 33.
Fig. 34.

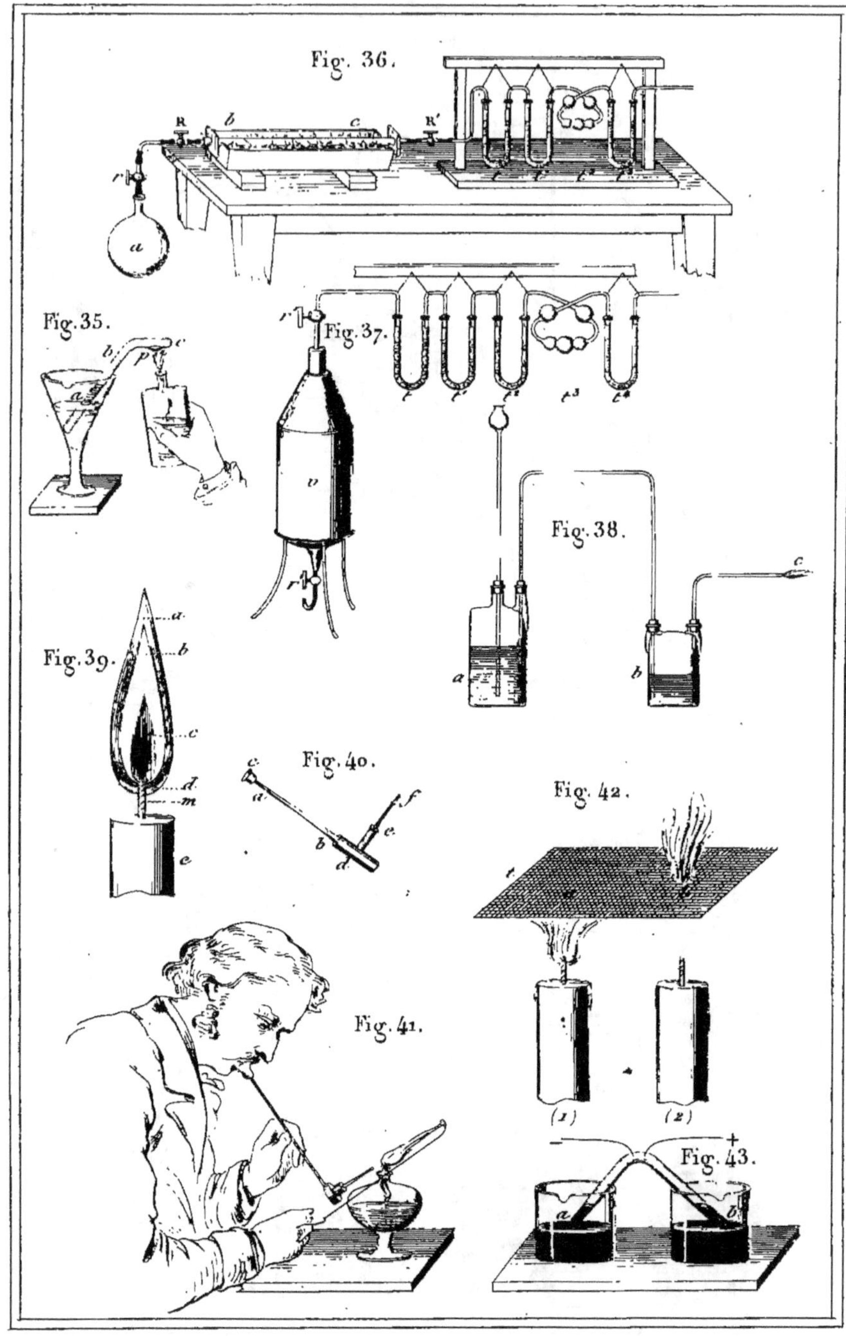

Fig. 36.
Fig. 35.
Fig. 37.
Fig. 38.
Fig. 39.
Fig. 40.
Fig. 41.
Fig. 42.
Fig. 43.

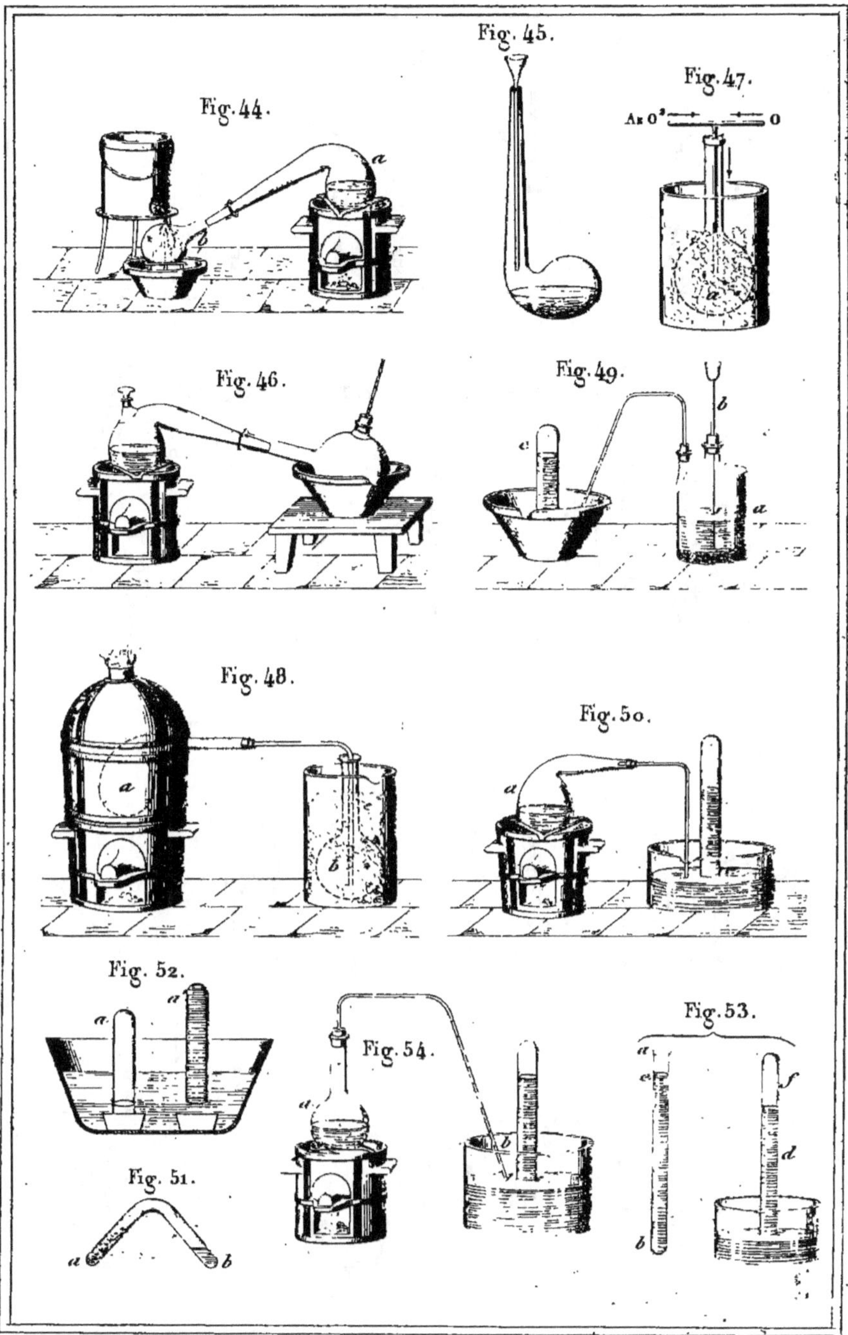
Fig. 44.
Fig. 45.
Fig. 47.
Az O² O
Fig. 46.
Fig. 49.
Fig. 48.
Fig. 50.
Fig. 52.
Fig. 54.
Fig. 53.
Fig. 51.

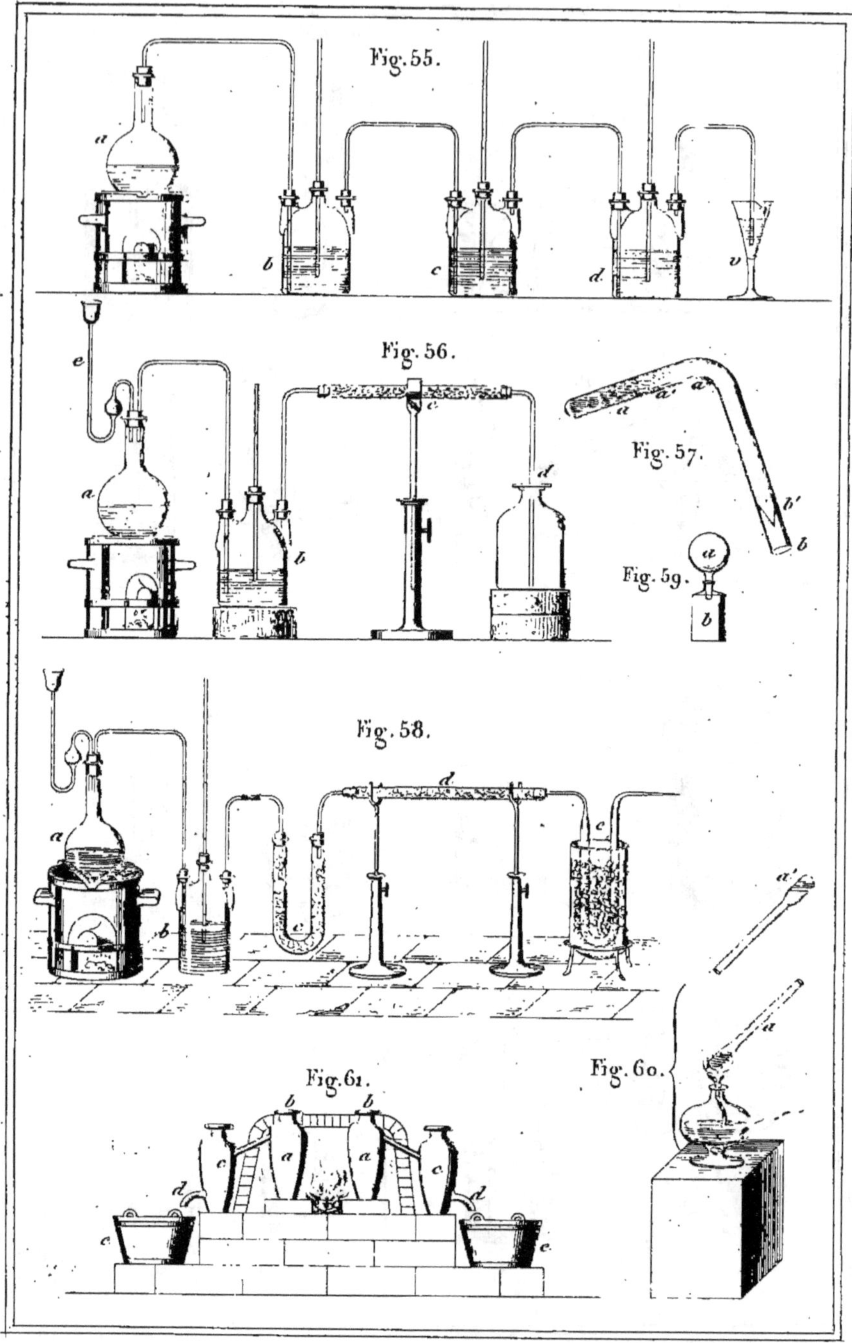

Fig. 55.
Fig. 56.
Fig. 57.
Fig. 59.
Fig. 58.
Fig. 60.
Fig. 61.

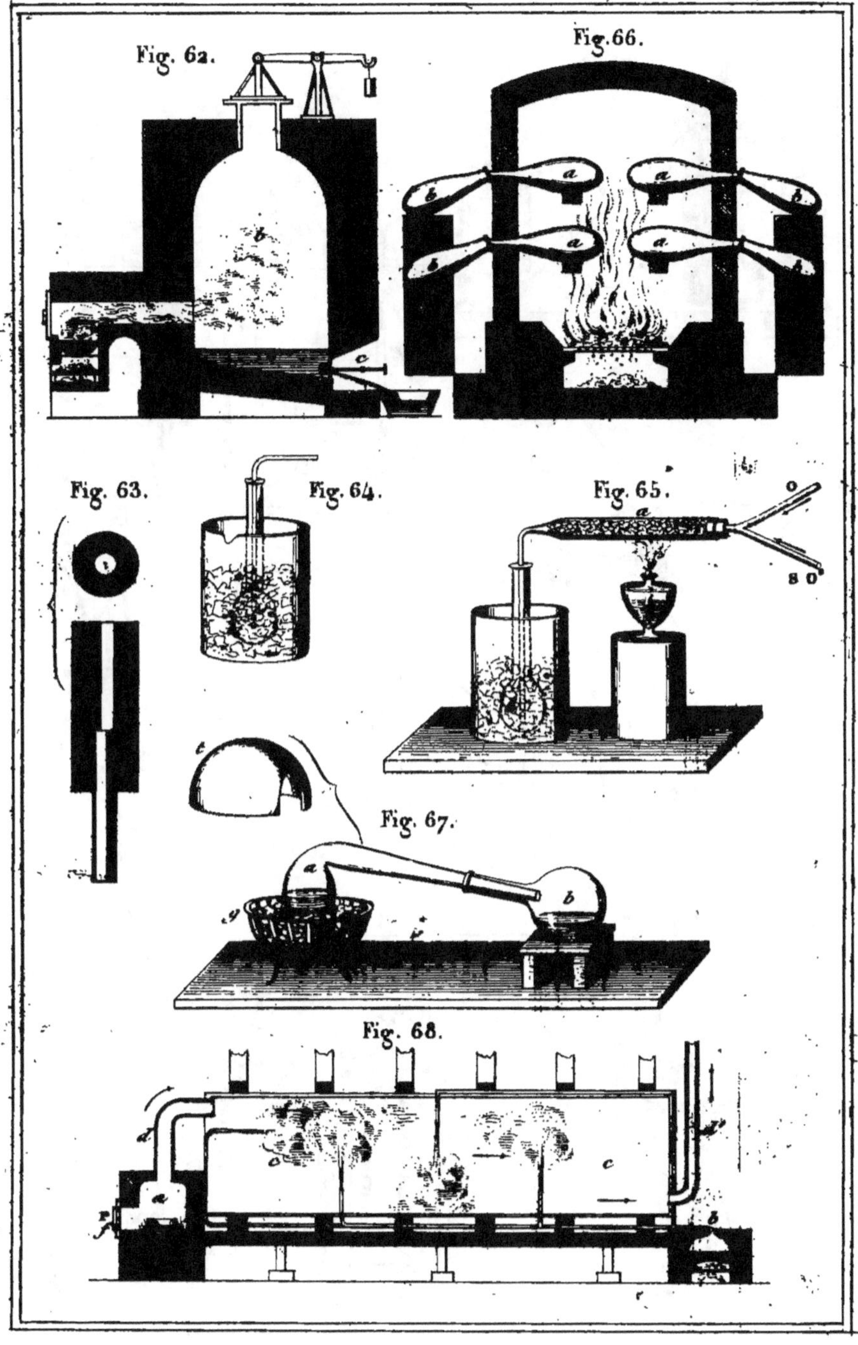

Fig. 62.
Fig. 66.
Fig. 63.
Fig. 64.
Fig. 65.
Fig. 67.
Fig. 68.

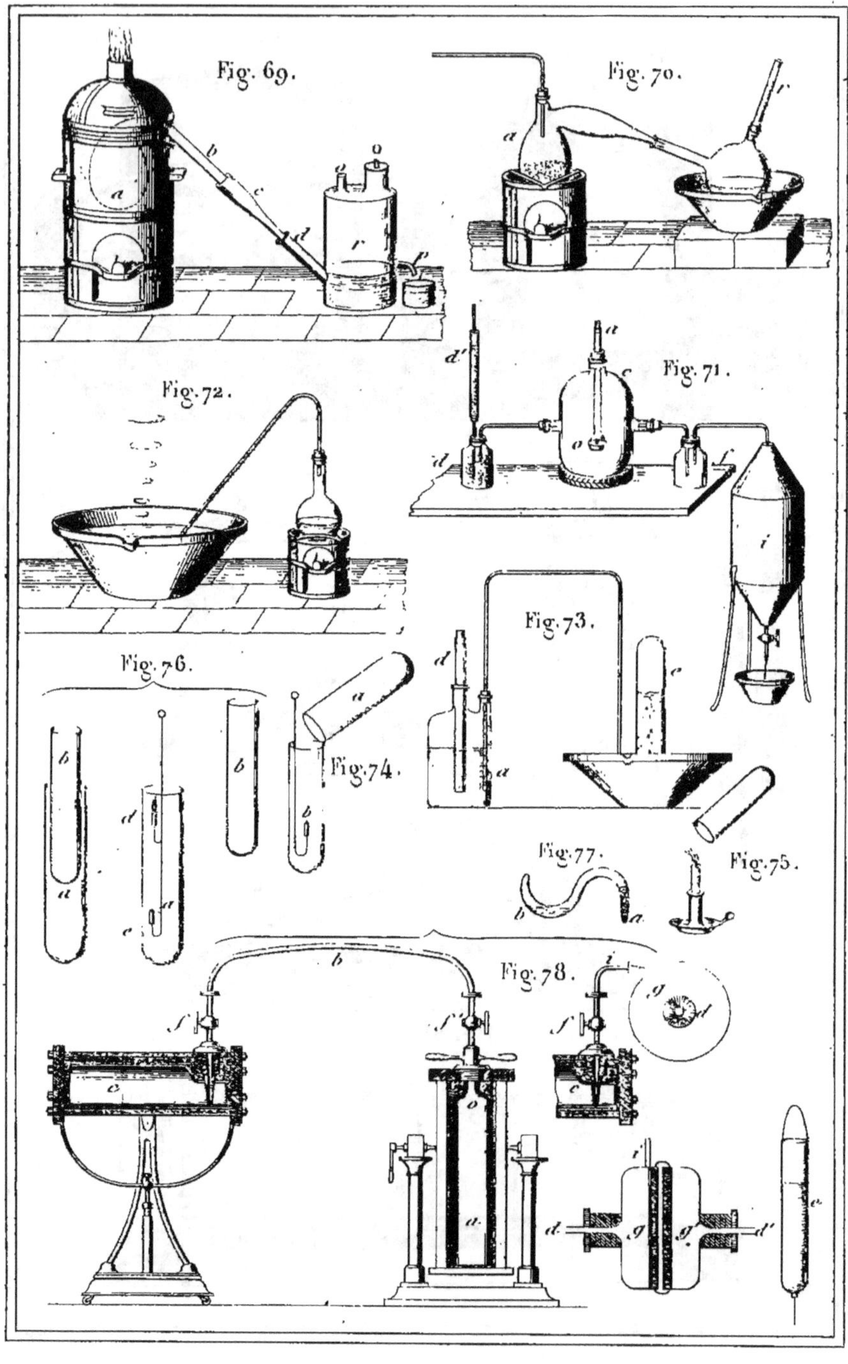

Fig. 69.
Fig. 70.
Fig. 71.
Fig. 72.
Fig. 73.
Fig. 74.
Fig. 75.
Fig. 76.
Fig. 77.
Fig. 78.

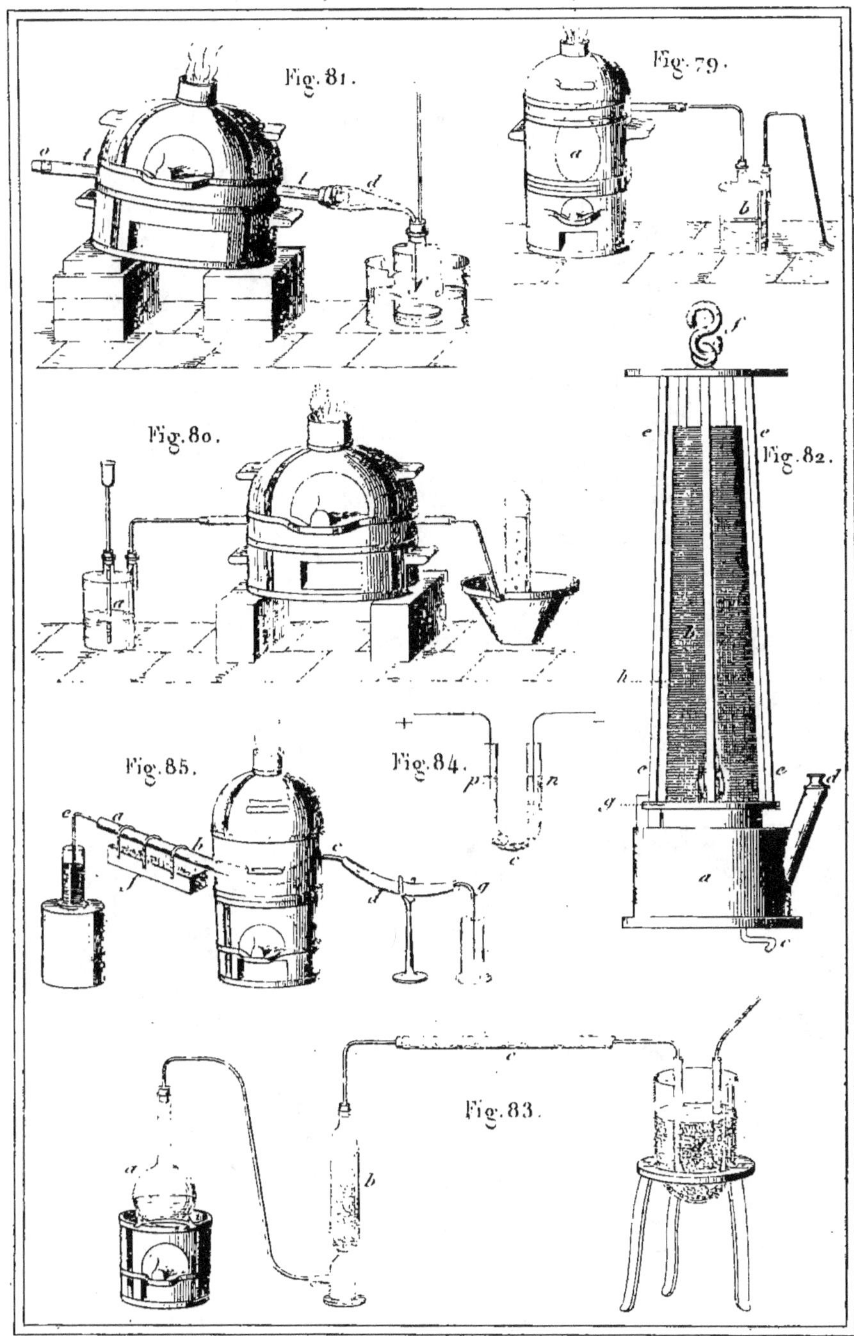

Fig. 81.
Fig. 79.
Fig. 80.
Fig. 82.
Fig. 85.
Fig. 84.
Fig. 83.

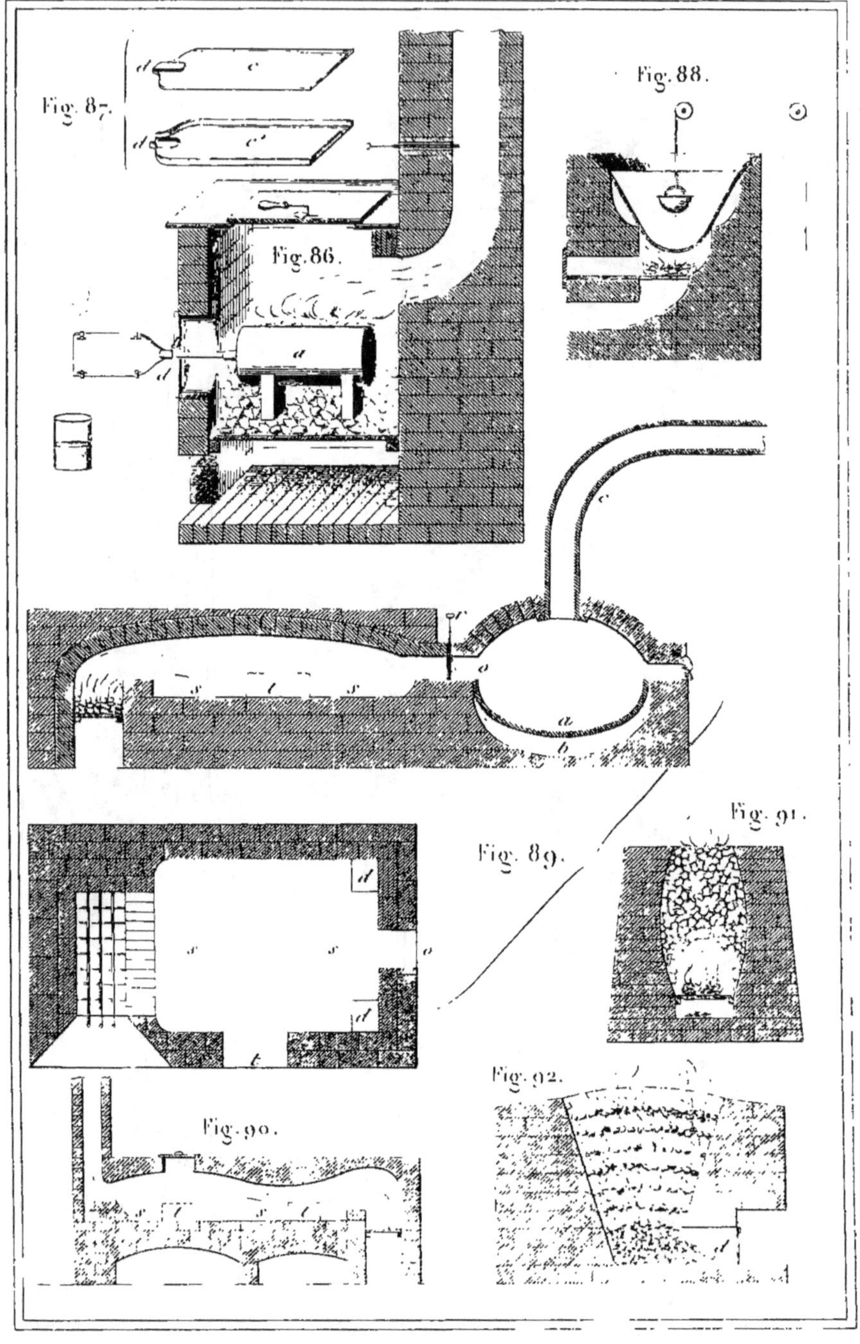
Fig. 87.
Fig. 88.
Fig. 86.
Fig. 89.
Fig. 90.
Fig. 91.
Fig. 92.

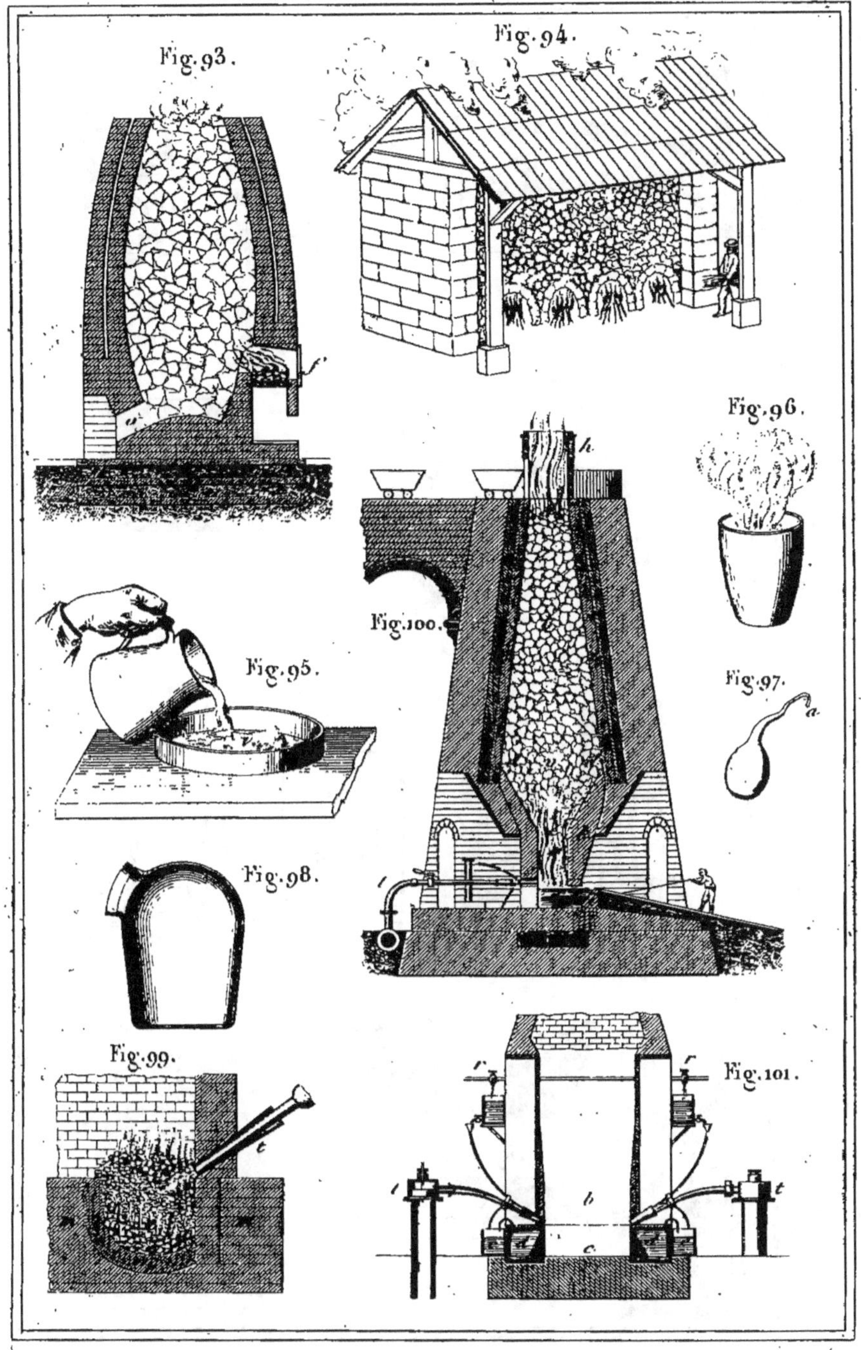
Fig. 93.
Fig. 94.
Fig. 96.
Fig. 95.
Fig. 100.
Fig. 97.
Fig. 98.
Fig. 99.
Fig. 101.

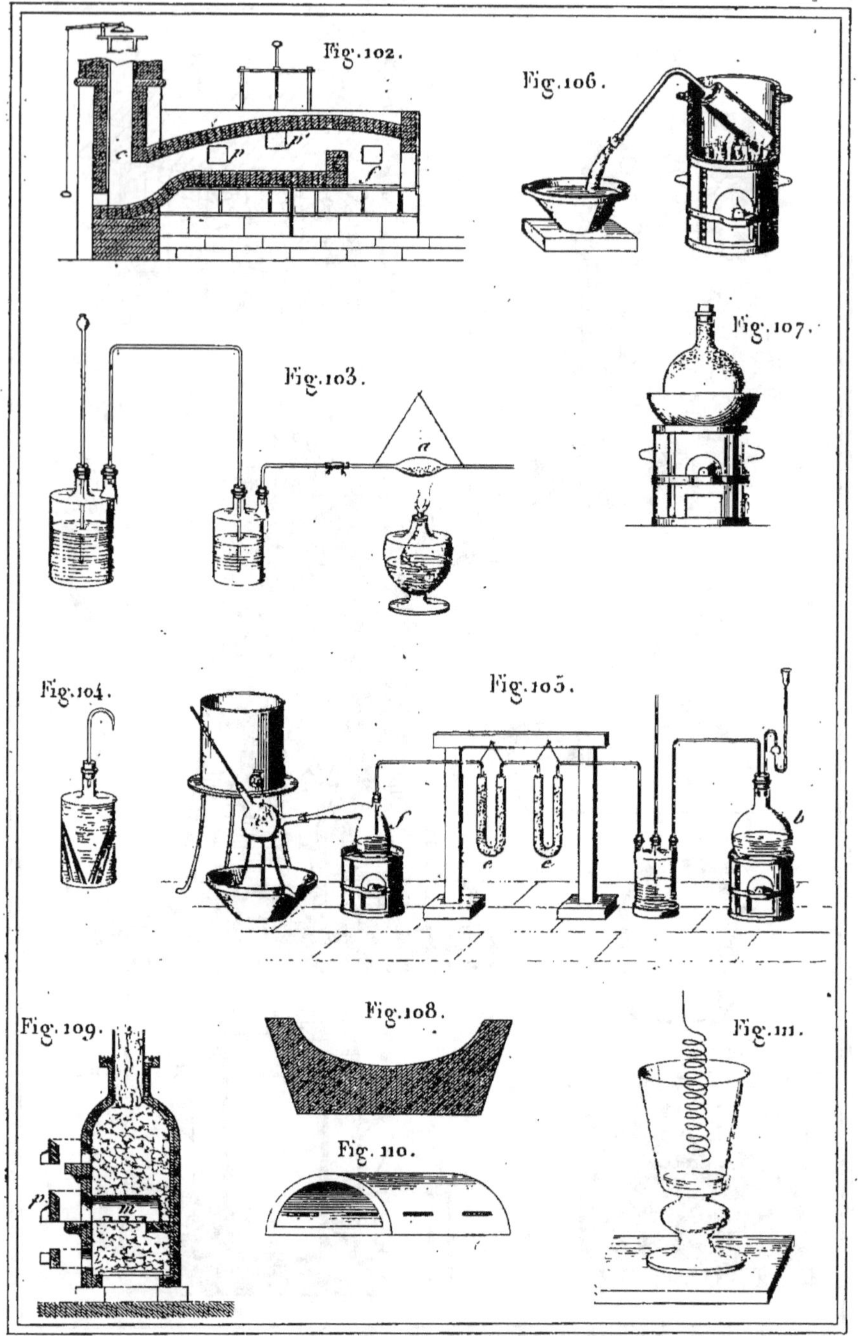

Fig. 102.
Fig. 106.
Fig. 103.
Fig. 107.
Fig. 104.
Fig. 105.
Fig. 109.
Fig. 108.
Fig. 110.
Fig. 111.

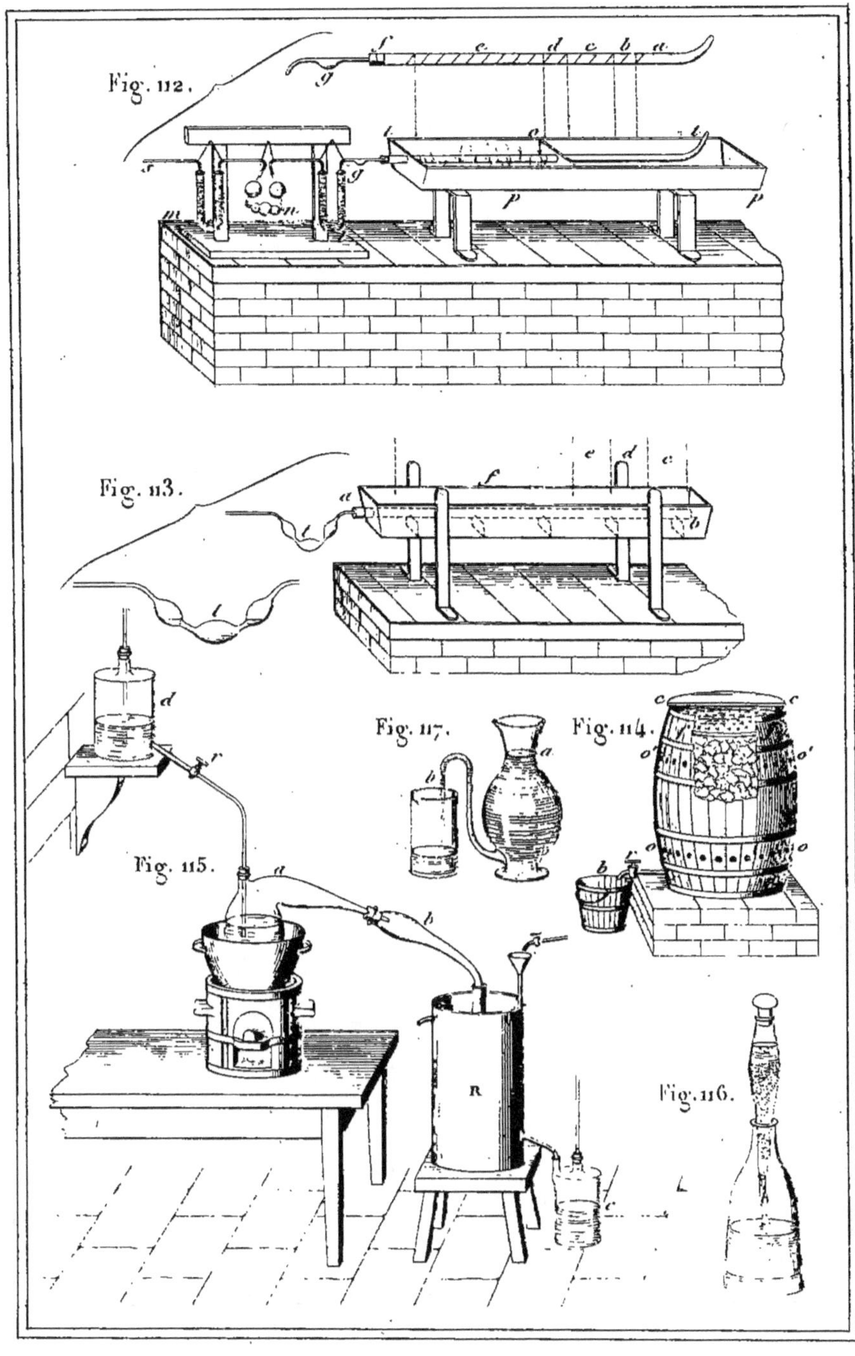
Fig. 112.
Fig. 113.
Fig. 117.
Fig. 114.
Fig. 115.
Fig. 116.

Monsieur Mulle